阳台花园打造记

风凰空间·华南编辑部 编

江苏凤凰文艺出版社
JIANGSU PHOENIX LITERATURE AND
ART PUBLISHING, LTD

目　录
contents

Part

1

阳台花园
小知识

　　每个人心中都梦想着有一片属于自己的花园，闲时邀三两知己，品茶赏花，好不惬意！

　　奈何现实中并不是每个人都能拥有户外花园，但几乎每家每户都有阳台，阳台作为连接室内与外界的桥梁，算得上半个户外空间，我们何不把阳台打造成梦想中的花园呢？

阳台环境

在打造阳台花园之前，先要了解自己的阳台。

阳台按不同的分类方式可分为多种不同的类型，以大众常见的阳台为例，可按封闭程度大致分为开放式和封闭式两大类。

开放式阳台

开放式阳台对外的一面有的用混凝土或玻璃建造矮墙，有的则做成带有护栏的形式。其优点是通风良好，光线较好，但具体光照情况与阳台朝向有关。

这类阳台适合种植的植物较多，根据阳台光照情况选择合适的植物即可。当然高楼层的用户还需考虑风力因素，风力大要选择更加强健的植物。

开放式阳台

封闭式阳台

封闭式阳台一般由混凝土墙围成，外部加装封闭的玻璃窗，或者对外的一面全是封闭的玻璃窗。其光照和通风较差，但安全系数较高、能阻挡尘埃和噪声的污染，还能遮风挡雨。

这类阳台因其光照和通风的限制，植物的养护难度会比开放式阳台要高，在选择植物的时候最好是选择对阳光和通风要求不高的植物。

封闭式阳台

朝向与植物

阳台通常是家中光照最充足的地方，而阳台的朝向影响着阳台的受光程度。阳台的朝向即是阳台面向太阳的方向，如阳台面朝南，即为南向阳台。

南向阳台属于全日照环境，阳光充足，适合种植阳生植物。东南、西南阳台的光照情况基本上与南阳台相似。

名称：月季
光照：喜阳光充足的环境
水分：喜湿怕涝
花期：集中于 5 月至 12 月

名称：茉莉
光照：喜阳光充足的环境
水分：春夏季多浇水，秋冬
　　　　季需控水
花期：集中于 5 月至 10 月

名称：米兰
光照：喜阳光充足的环境
水分：较耐旱，适当控水可
　　　　增加花量
花期：夏秋季

名称：天竺葵
光照：喜光较耐阴
水分：怕涝稍耐旱
花期：冬春季

名称：三角梅
光照：喜阳光充足的环境
水分：开花前一个月需控水
花期：秋冬季

名称：铁线莲
光照：喜阳光充足的环境
水分：见干见湿，忌积水
花期：春季

名称：彩叶草
光照：喜阳光充足的环境
水分：喜湿怕涝
花期：四季观叶

名称：丽格海棠
光照：喜明亮的散射光
水分：喜湿怕涝
花期：冬春季

名称：玛格丽特花
光照：喜光，夏季要适当遮阴
水分：浇水要见干见湿
花期：集中在 3 月至 10 月

北向阳台日照条件相对较差，以散射光为主，夏季会有短暂的阳光照射，尽量选择阴生、耐阴的植物。东北、西北阳台的光照情况基本上与北阳台相似。

名称：蟹爪兰
光照：忌暴晒
水分：花后及夏季需控水
花期：冬季

名称：口红花
光照：喜明亮的散射光
水分：喜湿
花期：春季

名称：龟背竹
光照：喜散射光，忌阳光直射
水分：喜湿
花期：四季观叶

名称：花叶芋
光照：喜散射光，忌阳光直射
水分：喜湿
花期：四季观叶

名称：吊兰
光照：喜明亮的散射光
水分：喜湿，稍耐旱
花期：四季观叶

名称：绿萝
光照：喜明亮的散射光
水分：喜湿，稍耐旱
花期：四季观叶

名称：常春藤
光照：喜明亮的散射光
水分：浇水要见干见湿
花期：四季观叶

名称：肾蕨
光照：喜明亮的散射光
水分：喜湿
花期：四季观叶

名称：吊竹梅
光照：喜明亮的散射光
水分：喜湿
花期：四季观叶

东向阳台属于半日照环境，上午阳光较好，午后则无阳光直射，适宜种阳生、稍耐阴的植物。

名称：山茶
光照：喜光，忌烈日直射
水分：喜湿
花期：冬春季

名称：杜鹃
光照：喜阳光充足的环境
水分：浇水要见干见湿
花期：春季

名称：长寿花
光照：喜光稍耐阴
水分：浇水要见干见湿，稍耐旱
花期：冬春季

名称：君子兰
光照：喜明亮的散射光
水分：浇水要见干见湿
花期：春季

名称：千叶兰
光照：喜明亮的散射光
水分：喜湿忌积水
花期：四季观叶

名称：薜荔
光照：喜明亮的散射光
水分：喜湿忌积水
花期：四季观叶

名称：旱金莲
光照：喜阳光充足的环境
水分：喜湿怕涝
花期：夏秋季

名称：蓝雪花
光照：喜光稍耐阴
水分：喜湿
花期：夏秋季

名称：倒挂金钟
光照：喜明亮的散射光，忌强光直射
水分：喜湿
花期：夏秋季

西向阳台

西向阳台属于半日照环境，俗称西晒，即上午没有阳光直射，稍阴凉，下午的阳光又毒又辣，有3~4小时强烈日照。温度突然升高，容易令植物受损，但是一到晚上又开始降温，适合种植阳生、旱生的植物。

名称：金银花
光照：喜阳光充足的环境
水分：浇水要见干见湿
花期：集中于4月至6月

名称：牵牛花
光照：喜阳光充足的环境
水分：喜湿稍耐旱
花期：夏秋季

名称：羽叶茑萝
光照：喜阳光充足的环境
水分：喜湿稍耐旱
花期：夏秋季

名称：长春花
光照：喜阳光充足的环境
水分：喜湿稍耐旱
花期：可全年开花

名称：石榴
光照：喜阳光充足的环境
水分：耐旱
花期：夏季

名称：矮牵牛
光照：喜阳光充足的环境
水分：浇水要见干见湿
花期：夏秋季

名称：松叶牡丹
光照：喜阳光充足的环境
水分：浇水要见干见湿
花期：夏秋季

名称：龙船花
光照：喜阳光充足的环境
水分：浇水要见干见湿
花期：夏秋季

名称：五星花
光照：喜阳光充足的环境
水分：较耐旱，不耐涝
花期：夏秋季

阳台园艺小知识

常用园艺术语

配土

不同植物对土的需求不一样，需要根据植物习性，按一定的比例将不同的介质混合配制。

基肥

基肥是播种前或移植前施入土壤的肥料。作用是供给作物整个生长期所需养分。

追肥

追肥是指在作物生长中加施的肥料。作用是供应作物某个时期对养分的大量需要，或者补充基肥的不足。

沤肥

天然有机质经微生物分解或发酵而成的一类肥料。

缓苗

当植物苗经过移栽，环境改变之后，需要有个重新适应或者恢复的过程，这过程就称之为缓苗。

换盆

换盆也叫翻盆，随着花卉植株逐渐长大，需要将花卉由小盆移到较大的盆，这个过程叫作换盆。

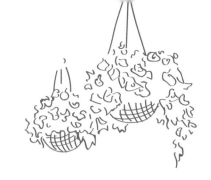

控水

指对植物减少浇水，控制浇水的次数与剂量。

见干见湿

"见干"是指表层土壤干了才浇水，"见湿"是指浇水时必须浇透。

爆盆

植物生长旺盛，长满整个花盆，这种拥挤的状态就叫作爆盆。

徒长

一般指的是植物因为缺光、营养不协调等产生的茎叶不正常疯狂伸长的现象。

摘心

摘心，又叫打顶、掐尖。其原理是去掉茎的生长点，抑制生长素分泌，促使植物分支，达到多开花结果的目的。

扦插

指剪取植物的茎、叶、根、芽等，或插入土中、沙中，或浸泡在水中，等到生根后就可栽种，使之成为独立的新植株的繁殖方法。

分株

指将植物的根、茎基部长出的小分枝与母株相连的地方切断，然后分别栽植，使之长成独立的新植株的繁殖方法。

种植介质

泥炭土：保水保肥能力强，质地轻，无病害孢子和虫卵，但本身所含的养分较少。

园土：肥力较高，团粒结构好，但干时表层易板结，湿时通气透水性差，不宜单独使用。

椰糠：椰子外壳纤维粉末，透气透水性强，但不含养分。

水苔：一种天然的苔藓，使用前需充分吸水，广泛用于各种兰花的栽培。

陶粒：一种陶质的颗粒，透气透水性强，一般用于铺面或者垫底。

珍珠岩：一种具有珍珠裂隙结构的玻璃质岩石，质地轻，透气性好，含水量适中。

蛭石：一种天然无毒的矿物质，具有良好的缓冲性，吸水性强，多用于育苗。

赤玉土：一种由火山灰堆积而成的介质，透气透水性强，PH酸碱度为中性至弱酸性。

鹿沼土：由下层火山土生成，排水性比赤玉土更强，但保水性不如赤玉土，PH酸碱度偏酸性。

施肥与绿色杀虫

施肥

植物长势不好时需要对症下药，不能盲目施肥。每种植物对肥力的敏感度不一样，缺肥症状也会有所不同，以下症状可做参考。

缺氮肥
最初叶片表现淡绿色或黄色，不久茎秆也重复同样的变化。叶色变化通常是从老叶片开始，而后逐渐扩展到整个叶簇。

缺磷肥
最初表现为生长缓慢，随后叶片呈褪绿病斑，茎细长，富含木质，叶片较小，叶色较深，延迟结实和果实的成熟。

缺钾肥
最初植株下部叶片尖端变黄，沿叶片边缘逐渐枯黄，叶脉两边和叶中脉仍为绿色。

缺钙肥 表现为生长缓慢，形成粗大的富含木质的茎，植株顶端及幼嫩部位表现症状明显。

缺锌肥 叶脉间失绿，顶端先受影响而生长缓慢。

缺硼肥 顶端生长点死亡，根系发育不良，开花蔬菜只开花不结实或开花不正常。

缺铁肥 新生的叶片已开始失绿，渐渐褪变成白色。

洋葱

取 20g 洋葱捣烂后加水 1~1.5kg 浸泡过夜后过滤，将所得滤液喷洒于植株上，对蚜虫、红蜘蛛有较好防效作用。

大蒜

把 20~30g 大蒜的蒜瓣捣成泥状，然后加 5kg 水搅拌，取其滤液，用来喷雾防治蚜虫、红蜘蛛和甲壳虫，效果很好。

花椒

取花椒适量，加 3 倍水煎汁，将冷却后的煎汁加 10 倍水喷雾，可防治螟虫、虱、介壳虫等。

辣椒

取新鲜辣椒 50 g，加水 30~35 倍，加热煮半小时，取滤液喷洒，可以有效地防治蚜虫、土蚕、红蜘蛛等害虫。

薄荷水

500 ml 的水加 10 滴薄荷精油，再加 10 ml 的药用酒精，充分搅拌均匀后，装入喷瓶，均匀喷洒于叶片正反面，每周 1 次，可以用于防治蚜虫。

风油精喷雾法

将风油精稀释 600~800 倍液喷雾，可防治蚜虫、红蜘蛛、介壳虫若虫和蛾蝶类幼虫等，防虫效果好。

盆器

阳台上的盆器除了具有种植的作用外，同时还具有装饰的作用。不同类型的盆器有不同的特性，可根据自己的需要选择不同的盆器。

塑料盆

目前塑料盆的应用很多，好处是轻便、款式多样和颜色多，但排水性和透气性较差。因其款式及造型多，可根据需要应用到各种风格的阳台。

瓦盆

瓦盆的排水透气性良好，十分适合植物的生长，缺点是瓦盆较重，搬动不方便。

陶瓷盆

陶盆与瓦盆的质地相似，造型较朴实素雅。瓷盆经上釉处理，透水透气性差，但工艺相对精湛，精致典雅。

石质盆

石质盆相对笨重，不易搬动且透气性较差，但同时不易变形，不同石质的石材可打造出不同的风格。自然的石头盆，适合用于田园风。打磨后的花岗岩和大理石等，可打造高贵典雅的欧洲风情。

金属盆

金属盆的缺点是金属导热性较强，在阳光直射下升温快，对植物生长不利，适宜摆放在无阳光直射的阴凉的地方，优点是具有现代感，造型简洁有力，适合用于现代风格的阳台。

竹篮、木盆

竹篮、木盆因材质与植物相近，展现出自然的原始气息，可打造出舒适恬静的乡村田园风格。

除了以上介绍的盆器外，生活中各种各样的容器也同样能用作种植物，如鸡蛋壳、废弃的鞋子、零食罐等等。大胆地运用身边的东西，往往会有意想不到的效果。

阳台植物布置八大窍门

卢文迪

1 摆盆式

盆栽是阳台栽种最常用的方式之一，即把各种花木栽植于不同大小、造型、材料的花盆中，而摆盆式则是阳台植物最常见的造景方法。摆盆式即是把各种盆栽按大小、高低等顺序，依次摆在阳台的地面或阳台的护栏上。放在护栏上的盆栽需用金属套架稳妥固定，以防止花盆从阳台上掉落。

摆盆式比较灵活、简易，算是花友们最"傻瓜"式的布置方法之一。一般而言，用于摆盆的植物最好能具有耐晒、抗寒或者四季开花等特点。就阳台朝向而言，朝南的阳台可摆放喜阳植物，如月季、天竺葵、石榴及多肉植物；朝北的阳台可摆放耐阴的植物，如龟背竹、万年青、一帆风顺、八角金盘；朝东的阳台宜选择兰花、花叶芋、棕竹这些半耐阴的短日照植物；朝西的阳台要种一些易存活的植物，如吊兰、绿萝、富贵竹。

2 悬挂式

　　悬挂式是指利用吊盆把植物悬挂在阳台上方，不占用地面的空间，特别适用于小阳台。悬挂式选用的植物最好属于枝叶自然下垂、蔓生或枝叶茂密的观花、观叶类，如吊兰、鸟巢蕨、吊金钱、佛珠、蟹爪兰、常春藤。采用悬挂式的摆设方法时，各个吊盆的外形与颜色最好能够搭配和谐。如果能够利用多个吊盆高低错落地布置，或者把3~4个吊盆用同一条绳串在一起，更能增加阳台的美感。

　　悬挂式也能细分成两种：一种是吊盆像吊灯一样悬挂于阳台顶板上，或是在墙体上安装一些吊架，然后用小容器将鸟巢蕨、蟹爪兰等放在吊架上，这样不仅可节约地方，还能美化立体空间；第二种是在阳台护栏沿上安装容器的托架，然后栽植藤蔓或披散型植物，如吊兰、常春藤等，使其枝叶垂挂于阳台之外。许多欧洲小城非常喜欢利用第二种方式，把街景与阳台装点得如油画般美丽。

3 藤架式

如果想把阳台上方变成一个绿色的"顶棚"，可以考虑在阳台的四周分别立一根竖杆，然后上方置放横杆，使其形成固定的棚架；或者在竖杆中间牵几段绳子，类似空中栅栏，把藤蔓植物的枝叶牵引至架上。如果种植得当，可以形成一个绿色的棚架，或者在做好安全措施的前提下，把竖杆适当向外延伸，日后植物生长，可覆盖形成一道天然的遮阴篱笆，从而成为独特的立面景观。藤架式的适用植物大致有金银花、茑萝、牵牛花、葡萄、紫藤、常春藤。

4 花箱式

花箱式是采用固定的种植槽或者花箱的方式在阳台上栽种花木，使植物能够整齐而集中地茂盛生长，从而形成独特的景观。种植槽可以是单层的，也可以是立体的，一般放置在阳台的地面或阳台围栏边缘的铁架上，种植槽要有一定的深度，里面可放土栽花。爱好阳台种菜的人士同样可采用此方法。如果阳台面积比较小，种植槽最好固定稳妥后再悬挂在阳台外侧，既安全又不占阳台空间。悬挂在阳台正面的种植槽，可种植低矮的或匍匐的一二年生花卉，如矮牵牛、半枝莲、美女樱、金鱼草、矮鸡冠、凤仙花。阳台两侧的种植槽，可种些爬藤植物，如红花菜豆、旱金莲、文竹等。

同时，种花者也可以用竹竿、金属丝或绳子等作引线，使这些爬藤植物缠绕其上，既美化环境，又能遮挡夏天的强光。固定的种植槽由于换土较困难，且底部大都没有漏水孔，因此一般直接将盆栽植物置于槽中进行组合摆放。

另外还有一种活动花槽，即花箱式，一般为长方形，摆放或悬挂都比较节省阳台的空间。把培育好的盆花摆进花箱，将花箱用挂钩悬挂于阳台的外侧或平放在阳台的护栏上沿。落地摆放的花箱特别适用于面积较大的长廊式阳台，可让主人欣赏到更为灿烂的花开盛景。如果阳台是用镂空围栏的，更可让植物枝条从镂空处悬吊下去，从而形成一道绿色风景线，这既是室内装饰，又是室外装饰。

5 附壁式

　　附壁式和藤架式有异曲同工之妙，而且适用于藤架式的攀缘植物同样也可在附壁式阳台中"安家落户"。不过和藤架式着重打造绿色的"屋顶"不同，附壁式更着重打造绿色的"围墙"，即通过安装在阳台两侧或者内侧墙壁上的网格，引导攀缘植物对阳台上的围墙或两侧空间进行绿化。附壁式的网格多为木质或者金属质地，摆放比较灵活，可根据阳台的朝向或者植物的特性进行针对性地设置。附壁式网格除了有助于绿化围栏及阳台的墙壁外，也可镶嵌特制的壁挂式花盆，以栽种观叶植物。

6 叠架式

　　为了扩大种植面积，较小的阳台常采用园艺市场中常见的叠架进行立体绿化。叠架式利用阶梯式或其他形式的盆架放置花卉，可在阳台上进行立体盆花布置，也可通过定制将盆架搭至阳台围栏上，向户外要空间，从而加大绿化面积并美化街景。

　　叠架式的好处是能够最大限度地利用阳台的空间，打造出充满层次感的空间景观。但因为花盆在叠架式的造景中是上下摆放的，故花盆样式与植物造型之间的搭配也是需要花友多花心思的地方，如盆体较大或者植株较茂盛的花木适宜放在叠架底层。

7 花坛式

在阳台植物布置的各式方法中，花坛式是工程量较大的一种。花坛式顾名思义类似公共空间，在阳台适当的地方砌一个固定的花坛或者花基，通过较大面积的种植，利用各式的植物组合出其他布置方法所不能比拟的效果。

当然，因为环境不同，阳台花坛不能照搬道路或者庭院绿化带的样式，而是因地制宜，需采用轻质的砖、石等材料砌成。阳台花坛的高度一般控制在20~30 cm，宽度控制在 15 cm 左右较为适宜。同时，阳台毕竟不同于庭院，除了在建造花坛时应尽量选择质量较轻的材质外，同时亦尽量避免建在阳台靠外的一侧，以免因承重而出现安全问题。建造阳台花坛时，亦需要做好排水措施，否则很容易对楼下的住户造成困扰。

8 纵横式

　　纵横式可以看作为藤架式与附壁式的结合，即栽种攀缘植物，通过墙壁的垂直绿化和阳台顶上的水平绿化，形成一顶包围阳台的绿色帐篷，起到美化家居及遮阳降温的作用。一般西向阳台在夏季，会受到较强的光照影响，采用垂直绿化配以一定的水平绿化较为适宜。随着时间的推移，攀缘植物就会铺满整个墙壁，宛如绿色帘幕，令人赏心悦目，亦可遮挡着烈日直射，对墙体起到隔热、降温的作用，使阳台形成清凉、舒适的小空间。

　　在朝向较好的阳台，可采用水平绿化再结合一定的垂直绿化，让植物在头顶攀爬而过，同样也可以使家居绿意盎然，而且也不影响阳台的对外观景功能。在实际操作中，为了让阳台更具美感，要根据具体条件选择合适的构图形式和植物材料。

　　家居阳台的植物布置与造景虽有一定的法则可循，然而"人"才是最具决定性的因素。在笔者多年的园林造景与绿化施工经历中，不乏看到许多有心之士，在应植物生长规律与阳台实际环境的情况下，把多种造景方法融于阳台的方寸之中。无论如何，只要用心打理，业余的花友同样能够收获一个让专业人士亦顿感惊艳的阳台花园。

阳台花园打造步骤

1 选择合适的风格

在打造阳台花园之前需要先确定好整体的风格，除了按照自己的喜好之外，还应考虑到整个屋子的风格和周围的环境，如整个屋子是古典的中式风格，而阳台花园打造成怀旧杂货风就不合适了。

2 确定布置形式与所用植物

阳台风格选定之后，就可以开始构思布置形式了。

植物的布置形式要符合阳台本身的硬件条件，若阳台面积小就要向空中发展，多考虑悬挂式、藤架式、附壁式和叠架式。当然阳台面积大的话就可以任意发挥了。若阳台所在楼层很高，则尽量少用悬挂式和藤架式。

形式确定后，根据阳台环境与当地的自然条件，挑选出合适的植物。需要注意的是，花卉市场不同季节出售的植物会有不同，在选植物的时候同样需要考虑季节性。

一般来说，会选择某个地方作为阳台的一个焦点，在这个地方要下更多的工夫。打造焦点的方法很多，比如：

（1）选择一棵形态优美的较大的植物，在它的周围以摆盆式、悬挂式等方式再布置一些小植物，将其打造成一个焦点；

（2）选择一面墙，选择合适的植物运用附壁式将其打造成一面绿化墙；

（3）使用花坛式的布置方法，虽然工程量较大，但更容易打造成一个焦点；

（4）一套适合阳台风格的桌椅，配上一些装饰品与花草，如此休闲舒适的一角也很吸引人。

3 地面与墙面的装饰改造

如果觉得地面与阳台整体的风格不搭，可以对地面进行改造，目前市面上有一些简易地板，操作较简单，自己也能动手铺设。如果觉得原本的地面无大碍，可不作改变。

墙面上主要是以壁挂花架和网格为主，市面上的花架与网格均有不同的尺寸，可根据自己的需要选择不同的尺寸。

4 植物的种植

现在植物的购买途径一般是网购、花店或者是本地的花卉市场。花卉市场还会有各种园艺工具和盆器，可以亲自挑选自己想要的材料和工具。

植物购买回来，换上合适的盆，种植好之后，需要放在阴凉通风的地方缓苗一个星期左右。如果在没有破坏原来的土球的情况下植物连土一起直接种下，缓苗期可相应缩短。

5 桌椅与装饰品的添置

当前面的步骤都做好了，阳台花园也基本成型了，这个时候可以添置适宜的桌椅与装饰品，起画龙点睛的作用。

Part

2

阳台花园
案例分享

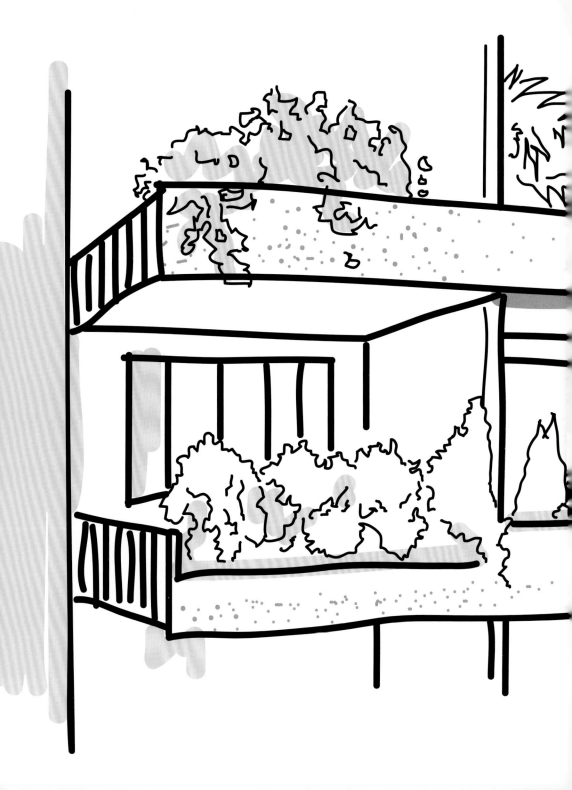

南向阳台

　　在四周没有其他高大建筑物遮挡的情况下，南向阳台几乎一天都有充足的阳光。对于想打造一个阳台花园的人而言，拥有一个南向阳台无疑是一件十分幸福的事。

Case. 1

Tina's Garden

阳台类型：开放式　　　省份：福建省

面积：约 10 m²　　　设计者：红袍的小院闲窗

主要应用到的植物

● 三角梅

● 玛格丽特

● 月季

● 茉莉花

● 蓝雪花

● 多肉植物

● 紫叶酢浆草

● 天竺葵

设计者本人为阳台的主人，主人女儿的英文名为 Tina，故阳台花园名为 Tina's Garden。阳台的格局是 L 型，短的一边朝东，长的一边朝南。阳台除了种花，还跟所有的阳台党一样要晾晒洗刷，兼具了一家的休闲功能。到了夏天，家人有时会在阳台上吃晚饭和喝茶，所以除了种花种草的空间还得留出空间进行休闲娱乐。

靠东头短的一侧用来晾晒衣物和放置种花的一些植料洗刷。而长的一侧朝南，日照时间长，用来种植大多数的花草。阳台还放了一张防腐木做的茶桌，平时用来喝茶，吃饭。阳台主人比较喜欢做烘焙，有时候也在这拍摄自制的点心。

早期阳台只有两盆三角梅和一盆茉莉花。以前阳台主人的业余时间以运动为主，2015年底腿摔骨折，不能运动了，继而开始玩植物，没想到一入花坑就不回头了！

开始买植物的时候，阳台主人是看到顺眼的就买，也没有考虑阳台的条件。随着跟植物的不断磨合，做了些选择。淘汰了一些不适合本地气候的品种。留下的品种也尽可能的按照植物的习性放在阳台相对最优的位置。耐阴的放在阳台的内部，需要长时间日照的放在阳台的外部和南侧。

会欣赏的人眼里都是宝

自从开始种花，阳台主人也就间接成了"捡破烂的"，经常在小区里看到别人丢掉的，阳台上能用得上的花盆就会捡回来。除此之外，还可以利用生活中的一些零食罐当作育苗的假植盆，铁的罐子刷上油漆就成了漂亮的花盆。有时也用包塑铁丝扎花架以及小挂篮。

西侧焦点——三角梅

一株大的三角梅被放在西侧的角落作为主要植物。围绕这棵三角梅，下方种了一些不太需要强日照的植物和摆放一些小装饰，还用一个红酒盒子做了个小组盆！

为阳台调色

　　由于阳台上的墙面和地面瓷砖颜色的限制，加上用了较多深褐色的防腐木网格，阳台整体色调偏暗沉。为了提亮颜色，运用了很多的白色的元素，如花盆、鸟笼、白色的小花桶等。

秋千上的童年

阳台上还做了一个秋千。主人的女儿小的时候经常在阳台上边荡秋千边赏花，度过了她无忧无虑的童年。女儿现在到外地读大学去了，平日里秋千可以被挂起来了，方便日常浇花。

不断变化的阳台

　　阳台种的大多是盆花，盆花的好处就是可以随意移动。每次移动都会给视觉带来不同的享受，所以阳台总是变化着，今天这个植物在这里，明天可能就换地方了。除了带来不同的感受，另外很多变化也是为了植物的需要。在阳台的同一个位置，在不同的季节的日照时间是不同的，所以盆花的位置要根据季节来变。

养护心得
小分享

    根据建筑设计要求，阳台建筑可承重标准是 2.5 KN/m²，所以要考虑所种植物、种植介质的重量。该阳台所用的花盆大多数都是塑料盆，所用的土都是轻质的营养土，这样可以降低阳台的负荷。种花固然好，但阳台毕竟有承载限制，所以还要尽可能地减少重量。

    阳台种植相比露台和花园，在阳光和水分方面更需要人工的调整。比如大多数的开花植物都需要充足的光照，所以光照最长的位置要留给开花植物。一些观叶植物和蕨类则可以放在太阳晒不到的地方。

    本地花市买的花一般都能适应本地的气候，如果上网买植物的话，除了店家要靠谱，还要看看所买的植物是否适合本地的气候，这样后期的护理会轻松简单些。

Case.2

思渺园

阳台类型： 开放式　　　　　　　**省份：** 广东省

面积： 约 11 m²（7.5 m x 1.5 m）　　**设计者：** 桥上看风景

主要应用到的植物

矮牵牛

玛格丽特

丽格海棠

天竺葵

小木槿

铜钱草

白掌

绿萝

阳台花园取名思渺园，园中的每一盆都有自己的经历和故事，每一朵都有自己的美好和眷恋。静默花前，总让人思绪渺远……

阳台主人梦想打造一个以矮牵牛为主的阳台，让华丽和优雅梦幻般惊艳时光，花开时节，梦想终如矮牵牛绽放。一季的等候，充满感动和惊艳。花草世界的纯净和美好，让人忘了尘世的浮华和纷扰。而那些深深浅浅的缘，大大小小的梦，都已如云烟。

岁月就这样在花开中风清云淡。

阳台主人第一年种花，缘起朋友花园初见的美好，矮牵牛和玛格丽特的华丽惊艳，唤起了也许曾是每个少女心底的梦想：拥有一个梦幻般的花园。

花园因此以矮牵牛和玛格丽特为主，开花植物还有丽格海棠，天竺葵和小木槿，当然也搭配了不少绿植如绿萝、白掌、铜钱草。

随意自然的株型

对于矮牵牛，主人不太热衷打顶，随意自然的株型不会让人有审美疲劳。树状的玛格丽特也清逸俊朗，非球状可比。

谁说花无百日红？

　　天竺葵的表现非常出色，是一种张扬的美。主人在朋友花园，曾见证了天竺葵最耐热品种"喝彩粉"，连续开花八百多天的记录。

　　丽格海棠，艳而不俗，带有玫瑰的高贵。红色这盆，四个多月才凋谢第一朵花，浓得化不开的红，密得分不清的花，在阳台上艳压群芳。

● 红色丽格海棠

用各种花架打造错落有致的花园

　　这个阳台实际是把客厅和主卧的阳台连在一起。主人不想花园一览无遗，即使不可能庭院深深，曲径通幽，也要错落有致。无论从哪一个角度欣赏，都是独特的景致；无论是哪一个景致，都有光阴的故事。

　　欧式的铁艺悬挂花架，黑色与白色花盆搭配，经典、时尚、精致，同时还可以充分利用空间，满足不同花卉对阳光的需求。

主人第一次看见防腐碳化木壁挂花架，便喜欢上了，浓厚的艺术风格和怀旧气息，跟同一风格的桌椅搭配，阳台瞬间有了品位。

　　角落再放两个落地实木花架，阳台看起来便错落有致了。

生命之绚烂

　　坐在客厅看到的阳台景色，静美如画。每天早晨，抬眼望见的不再是褐色的楼房，满眼都是田园的清新，鲜花的美丽。流年若能与花草相伴，同看朝云和暮雨，哪里还会伤感岁月如风，花落成尘呢？

这角落的花草，虽没有艳丽的花朵，却是最努力的生命，哪怕只是一缕的阳光，都会尽力争取，让生命呈现最美的状态，春天又怎会遗忘它们呢？

养护心得
小分享

矮牵牛和玛格丽特都是非常优秀的品种，华丽大气，花量大，见效快，抗病性好。秋天栽种，一次水，一次肥，再加上充足的阳光，春天便梦幻般花满阳台。

天竺葵花盆宁小勿大，泥土保持干一些，花量会更大，只需打顶两三次，便可形成六七个花球，同时容易扦插，需要薄肥。

丽格海棠种植时需用泥土跟泥炭土混合，疏松透气，见干即浇，多施薄肥，便可繁花满树。

Case.3

蔚蓝天空

阳台类型： 封闭式　　**省份：** 安徽省

面积： 约6m²　　**设计者：** 蔚蓝心情

主要应用到的植物

● 月季

● 铁线莲

● 三角梅

● 天竺葵

蓝雪花

问君何能尔，心蓝花自放。

主人是一名医生，工作紧张忙碌，偶尔还有不期的阴霾与烦恼。居于城市，创造出这一片属于自己的蔚蓝天空。以植物的欣欣向荣和生机勃勃，驱散所有的压力与乌云。

因工作繁忙的缘故，阳台植物多以多年生木本为主，辅以季节性的草本花卉。打理较轻松，四季常存花。春天有月季和铁线莲怒放，夏天有能给人冰凉一夏的蓝雪花，秋花的三角梅美得不像样，冬天则是鲜艳的天竺葵。

春之皇后

月季被称为花中皇后，铁钱莲则被称为藤本皇后。春季是月季与铁线莲的花期，虽然阳台养月季不易，但依旧无法割舍。

月季的高贵，铁线莲的典雅，交相辉映，尽态极妍。

夏之蓝雪花

　　夏季，是蓝雪花的花季。炎热的夏日，有什么抵得过这一抹幽凉的冰蓝呢？对于阳台族，蓝雪花基本无病虫害，修剪、追肥及时花期可自5月长至11月。

秋之三角梅

秋季，是三角梅的天下。红橙黄紫粉白，缤纷斑斓，绚丽多姿。如果是四季阳光充足的阳台，像绿叶樱花这类勤花的三角梅品种甚至会花开四季。

冬之天竺葵

　　冬季，如果你有了一盆盆天竺葵，你的阳台也会绚烂若春，加之搭配一些酢浆草、千叶兰等绿植，即便在萧索的冬季，阳台依旧春意融融。

空间全方位布置

　　阳台是室内建筑的延伸空间，面积终究有限，需充分合理利用每一个墙面和角落，做到空间全方位布置。

　　墙面主要是网格花架配壁挂盆，顶部用挂钩配吊盆。木质网格可以找木工做，也可以在网上寻到。

别致的桌椅

一套别致的桌椅，可以给小小阳台增分添色。配上当季的花草，虽然是现实生活里的小阳台，却是内心世界的大花园。

养护心得
小分享

因盆栽受限，月季的种植维护要更为仔细。修剪、牵拉、施肥，每年冬季必须翻盆换土，来年春季才会有大量繁花。

相对于娇贵的月季，铁线莲更加好养护——少病少虫害，品种选择也极多。铁线莲需要有足够的阳光，所以要把光线最好的地方留给它。

三角梅想要多开花，就要在开花前两个月进行控水，控水阶段不要施肥。控水约三个星期之后就可以恢复正常水肥养护了。

Case.4

哒哒的花园

阳台类型：开放式　　　省份：广东省

面积：约 6 m²　　　设计者：哒哒爸爸

主要应用到的植物

* 月季　　　* 铁线莲　　　* 三角梅　　　* 玛格丽特

* 五星花　　　* 蓝星花　　　* 大岩桐　　　* 迷你岩桐

* 长寿花　　　* 海豚花　　　* 非洲紫罗兰　　　* 网纹草

　　阳台花园是两年前开始建立的，也是主人小儿子哒哒出生的时候。当初，主人只是打算种植些植物用于美化家居，但渐渐地对花花草草产生了浓烈的兴趣。一开始，跟许多园艺新手一样，犯了很多错误，成为"植物杀手"。后来随着对园艺了解的深入，开始明白了植物拥有各自的特性，对环境的要求也不尽相同。通过实践，渐渐懂了一些园艺的基本技能。在用心的照料下，阳台的花草在健康生长。每当花开的那一刻，都会感到欣慰和高兴，总想用相机把花朵最美得一面拍下来。

种类丰富的原生态风格

慢慢地，阳台上种植的植物越来越多，主人开始思考怎么在狭小的空间里容纳足够多的植物。

主人在网上找到了一些合适阳台使用的花架和花器。在阳台开放的两边，使用包塑钢管搭起支架来覆盖部分区域，用作支撑藤本植物的生长。围栏挂上铁花架，放置喜阳的植物，如月季、铁线莲、三角梅、玛格丽特、木槿、蓝雪花，把阳光和通风都是最好的位置留给了它们。同时还打造了一面绿化墙。

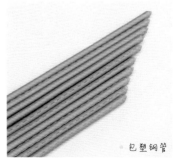

● 包塑钢管

　　没有过多地去修剪植物的形态，尽可能地任其按最自然的方式生长，更喜欢植物这种自然的原生态风格。在花园休憩时，有一种远离喧嚣与大自然亲近的感觉。

立体绿化墙

　　阳台里唯一的一面墙，使用了 20 个军绿色的壁挂塑料花盆。因为这里阳光很少直射到，所以只能种些耐阴的小型植物，如海豚花、长寿花、大岩桐、迷岩、非洲紫罗兰、长筒花。主人的目标是把这面墙弄成花墙，所以尽量选择了花期长的植物，而且还要适合广东的天气。在阳台的其他角落，分别摆置了一些耐半阴的植物，如球兰、绣球花、网纹草。

自动浇灌与人工浇水结合

　　阳台虽小，但植物众多，如果每一个花盆都浇水一遍，是很费劲耗时间的。特别是在夏天，气温高，植物对水分要求大。在一年半前，阳台里安装了定时浇水器和可调式滴灌头，日常可以为大多数的植物提供水分。自动浇灌系统可以请人安装也可以自己买材料安装，如果要出差或者比较忙没时间浇水的话，也不失为一个好选择。

　　至于壁挂和吊挂的植物只能人工浇水。为了减少劳动量，部分吊挂和壁挂的花盆种植耐旱的植物，如长寿花、吊兰、球兰和多肉植物。只有观察到它们有缺水的特征才浇水，如叶子变软或失去光泽时。部分壁挂花盆使用了保水的介质，可种植迷岩、海豚花、大岩桐。气温低时，可以隔两星期左右才浇水。

哒哒的花园

哒哒自从学会走之后，总爱到阳台里溜达，好奇阳台里的每个角落和那些五颜六色的花花草草。"花花"成了他最早学会的词汇之一。每一个月的月底，主人都会让哒哒在花墙前拍照留念，见证他与阳台花园的变化。主人用他小名给阳台起了个名字叫"哒哒的花园"。能看到植物和孩子的共同健康成长是件很快乐的事情。植物和自己孩子一样，只要懂它爱它，好好对它，它总可以向你展现它最美的一面并带给你惊喜。

养护心得
小分享

　　可以在盆面上铺一些鹿沼土，通过观察颜色的变化判断什么时候需要浇水。如果鹿沼土完全变白了，就可以考虑浇水了。除了浇水以外，为了能让植物可以健康生长，还需换土、换盆、施肥、修剪、防虫害，所以养护花草真的很需要耐心、爱心和责任感。

　　阳台花园的打造不可以一蹴而就，不管是植物还是摆放在阳台上的物品，都需要慢慢磨合才能找到适合自家阳台的。而且有变化的阳台花园，乐趣才更多呀！

Case.5

露露的阳台小花园

阳台类型：开放式　　　省份：安徽省

面积：约5㎡　　　设计者：莫忆若亦

主要应用到的植物

天竺葵

玛格丽特

月季

朱顶红

铁线莲

长寿花

多肉植物

常春藤

马蹄金

　　该阳台面积不足 5 m²，兼顾晾衣服的功能。阳台朝南，秋季至第二年初春，阳台内光照尚可。每年的三月底，因为太阳直射，再加上阳台屋檐遮挡了部分阳光，阳台内的阳光少得可怜。所以主人在阳台外面打造了铝合金的架子，然后把光照需求大的植物放在架子上。

　　目前以天竺葵、玛格丽特、月季、铁线莲、多肉植物、常春藤、长寿花、朱顶红为主，平时也会购买一些时令性的植物，如早春的郁金香、番红花等球根。因为光照限制，阳台内的植物选择也慢慢从盲目的个人喜好到适合阳台，像常春藤、球兰、马蹄金相对耐阴，因其垂吊或攀爬特性，也适合挂在墙上。

植物选择历程

自主人爱上园艺以来，天竺葵、玛格丽特等草花一直没放弃过，花美易种植，扦插成活率也高，省去了夏季高温死亡再去购买的成本。

铁线莲又称作藤本皇后，虽然不那么适合阳台，但也抵不住要种两棵，甚至把最好的位置也留给了它们。

多肉植物普及率很高，种几盆喜欢的，在冬天百花凋零的时候带来些许色彩，但夏季高温记得要防晒。

朱顶红是主人今年的新宠，花大色艳好养活，开完花好好养种球，来年依旧绽放美丽。

月季因其美貌和繁多的花色受到颇多青睐，但是这个阳台的通风和光照都限制了月季的生长，病虫害也很多。去年主人在阳台种了十多盆月季，深受病虫害折磨，所以今年索性搬了很多盆月季到父母家的露台上，长势好了，病虫害也少了很多。

假草坪地面

主人在地面铺设了假草坪，已经被人问过好多次，在阳台种草坪了吗？假草坪是个好东西，不仅美观，换盆时落下的些许泥土不用来回清理，积攒多了用吸尘器吸一次即可，作为拍照的背景也是美美的。

阳台装饰

阳台只有植物未免少了些什么，摆上个桌子椅子，闲时喝杯茶听听音乐好不惬意。阳台的装饰品可不必购买，心灵手巧一点，把废旧物品稍加改造便是一件手工艺品了。种多肉的轮胎是男主人花五块钱在修理铺购得的，涂上丙烯倒也颇有感觉。在喝饮料的玻璃瓶上绑麻绳，插上花，可不就是花瓶了。

充分利用阳台

养花地方小是阳台族最头疼的，所以要充分利用每一寸地方。墙上可以钉格栅，种垂吊或者爬藤植物。多层花架还有挂栏杆上的铁艺花架也必不可少，省地方且美观。

作为阳台党，花园的设计要尽量往精致的方向发展。种植方面要有选择性，根据光照选择合适的植物。阳台毕竟是生活空间，改造建议用自己喜欢的器物点缀，如果改造完反而平添许多烦恼，便不是一次好的改造。

养护心得
小分享

　　对于玛格丽特、天竺葵、角堇等草花，一般使用小苗用小盆、大苗换大盆的原则。小苗根系长好了再换盆，后期生长更强劲。为了后期的塑形，小苗长到一定高度就要打顶，若有花苞可掐掉，等到植株丰满再批准开花不迟。植物的生长少不了肥料，草花一般在配土的时候加入颗粒肥和少许复合肥，生长期一个星期喷一次水溶性肥，薄肥勤施。很多草花不耐高温和低温，所以夏冬两季要注意防晒防冻。

　　而常春藤真是太好养了。挂在墙上的那盆只加过一次复合肥和一次颗粒肥，平时浇浇水，倒也平安度过了四个春秋。但冬天特别冷的时候注意避寒。

　　铁线莲的种植稍微讲究些。配土一般可用泥炭加颗粒、稻壳炭和颗粒肥。半干的时候浇水。尽量放在通风光照好的位置，连续的阴雨天注意避雨。作为阳台党，这样的大藤本植物养一两棵点缀即可。

　　月季的美貌自不必说，但其"药罐子"的称呼也名副其实。平时要注意预防病虫害，有病及时治疗。种月季，通风和光照很重要，肥料也要跟得上。花开后及时修剪残花，并补充肥料，休养生息。冬季修剪并施冬肥，以保证来年春天的开花。

北向阳台

北向阳台有阳光的时间相对较少，冬天也容易受到北风的侵袭，在打造花园时需要充分考虑这些方面的问题，根据自家阳台的实际情况进行调整。

Case.1

梦田

阳台类型： 开放式　　　　**省份：** 福建省

面积： 3.6m²（1.2m x 3m）　　**设计者：** 新浪微博 @叫躲躲

主要应用到的植物

· 月季

· 茉莉

· 蓝雪花

· 三角梅

· 多肉植物

· 吊兰

· 千叶兰

· 常春藤

每个人心里都有一亩田，每个人心里都有一个梦，用它来种什么，种桃种李种春风。

主人家有两个阳台，面积一样，光线好的那个用来晾衣服。家里有两个孩子，日常洗衣量惊人，且阳光是最好的消毒途径，于是北阳台就归了女主人，即本阳台花园的设计者。

　　北向阳台每天日照的时间虽然没有很长，但是按日照的区域来安放各种植物也是可以的。直接照到阳光的地方可以放月季、茉莉、蓝雪花。间接照到阳光且淋不到雨的地方可以放多肉植物。散光的地方可以养各种品种的吊兰、千叶兰和常春藤。

　　种的最多的还是月季，然后是多肉植物，另外还可以按照四季来添些许的花卉。春天是绣球和杜鹃，夏天是矮牵牛和向日葵，秋天是各种类型的菊花，冬天是蟹爪兰和风信子。

摆件制造场景感

　　主人很喜欢用小摆件来制造场景感，每次旅游都会买一个纪念品，放在小花园里。于是小花园中，一花一木，一草一物都被赋予了不同的场景感，有了专属于它们的小故事。在花园中流连的时候，静静聆听它们的故事。

改造赋予新生命

　　为了制造花园的层次感，主人运用了很多花架和摆件，这些东西基本来源于网购，亲自挑选东西装扮自己的花园也不失为一件趣事。当然其中也有很多是路边捡来的别人不要的物件，主人改造了一下。

这根木头，原本是被人扔在垃圾堆里的，路过的时候觉得它在呼唤主人，于是捡回家洗干净晒干之后把灯绕在上面，非常适合。

这个陶缸，是被主人的妈妈淘汰的装线面的器具，把它洗干净之后，网购了流水的配件，赋予了它新的生命。

家里喝剩的各种瓶子都可以用来水培，喝剩的雪碧瓶子便用来水培了一支薄荷。

阳台花园的一天

白天在这里边听音乐边吃早餐或者画幅小画。

孩子们可以在
这里嬉闹，并和植
物近距离接触。

晚上，静下心来看一本书，享受属于自己的时光。

烧酒的瓶子养了吊兰。

记得点上蚊香。很多人问，养这么多花草会不会有蚊子？难道不养花草就没有蚊子了吗？其实只要搞好卫生，基本上是没有蚊子的。

一期一会

　　养花到现在三年有余，很多的花和我们都是一期一会，短暂的绚烂美丽只是为了报答我们的浇水施肥之恩，我们付出的只是一点点时间，而植物们付出的却是一生。

永远的科莫

梅朗口红

橙色珠宝

莎士比亚

金丝雀

小米菊

甜蜜马车

蓝雪花

月季快败的时候，剪下来做成了干花

养护心得
小分享

　　也并不是一开始就会养花，每次入手前就先查查它的习性，觉得适合了再请回家。

　　养花就像养孩子一样，首先你必须知道它们的喜好，爱喝水还是爱晒太阳，然后把它们摆在适合的位置，施肥、修剪、喷药、换盆，只要用心维护，没有种不好的植物。虽然说花无百日红，但是那些花开的日子，已经是给我们足够的奖赏了。

Case.2

灰灰菜的秘密花园

阳台类型： 开放式　　**省份：** 广东省

面积： 约30 m²　　**设计者：** 灰灰菜

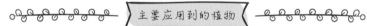

主要应用到的植物

● 三角梅　　　　● 长春花　　　　● 垂吊矮牵牛　　● 凤仙花

● 蓝雪花　　　　● 绣球花　　　　● 双色茉莉　　　● 海豚花

● 月季　　　● 蕾丝金露花　　● 吊兰　　　● 肾蕨　　　● 铁线蕨

　　灰灰菜的秘密花园，从光秃秃的阳台到现在是第七年了。

　　因为阳台是西北朝向，光照不够好，所以主人买花会偏重稍微能耐阴的品种，比如蓝雪花和绣球，即便是喜阳的花，也要仔细选择此种花里相对耐阴耐热的品系。

西北向阳台同样能色彩缤纷

人们常常说偏北向的阳台缺少阳光，并不适宜种植开花植物。主人花了七年的时间，用事实证明了西北向阳台同样能色彩缤纷。每个阳台的光照情况不一样，不同楼层和四周的建筑物都会影响到光照。先参考同样朝向的别人家阳台所用的植物，了解植物的习性，再根据自己家阳台的光照情况进行选择。

西北向阳台受到光线的限制，花虽然很难像南向阳台一样开成花球，但同样有着它独特的美。

跟着习性摆放植物

　　阳台的花被主人高低错落地摆，其实是有原因的。喜阳的植物挂在最外面，有些稍微不那么耐晒的喜阴的，则可以放在下层，或者不太晒得到太阳的位置。随着季节的变化，有些植物，主人会换好几处位置。原则就是要跟着花的习性走，逆着花性，是无论如何都养不好花的。

杂货风阳台

　　该阳台根据自己的需要添置了一些层架、拱门、防腐木花架、各种杂货仿真动物装饰小件，绝大部分都购于网上。层架、拱门、防腐木花架是为了让花园变得更有层次感，而杂货仿真动物装饰小件则可以让整个花园灵动起来。杂货或许只是小小的装饰，但却能够在空间里发挥着点睛的效果。

养护心得
小分享

　　浇水，其实大部分植物都是遵循一个原则——见干见湿。干了就浇，浇就浇透水。当然，如果花才晒完大太阳，土还热的时候千万别浇，等土凉下来再浇，不然水一下去，热气一上来，花就容易死掉。对于盆底有托盘的要小心，如果小小的一个盆底下垫一个大大的托盘，浇完之后托盘里全是水，那就相当于这盆花的根一直浸在水里，有些不那么喜水的植物就会被涝死。

　　春天，可以让花多淋淋雨，"春雨贵如油，当春乃发生"，主人常常在春天时站在阳台上感慨这句话。春雨一淋，经常苗就嫩油油的旺盛得很。但夏天却不尽然，因为太热，所以很多花在淋雨之后容易滋生细菌，太阳一晒就会死掉了。因此每逢夏天下雨的时候，就要很谨慎，不能淋雨的要端进阳台靠墙的位置。

　　浇水说起来似乎学问不大，但却是个经验活，每个人下手的轻重不同，时间长了就慢慢有感觉了。

东向阳台

东向阳台是上午阳光充足的半日照环境，光照条件仅次于南向阳台。上午的阳光较为温和，并且光照时间长，即使下午无阳光直射，也同样能种植多数的阳性和日中性植物。

Case.1

明云的阳台花园

阳台类型： 封闭式 **省份：** 山东省

面积： 约 6.5 m² **设计者：** 韩明云

主要应用到的植物

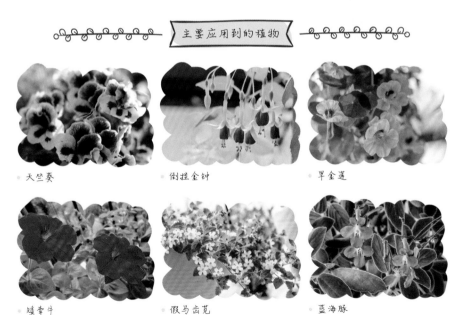

- 天竺葵
- 倒挂金钟
- 旱金莲
- 矮牵牛
- 假马齿苋
- 蓝海豚

设计者家有两个小阳台，一个 6.5㎡ 的东向阳台，一个 4.5㎡ 的南向阳台。

因为户型的原因，两个阳台每天只有 5 个小时左右的光照。如何才能让半日照阳台繁花似锦？

2013 年搬入新家后，主人开始打造半日照阳台花园，品种首先选择了对光照要求不高的天竺葵、旱金莲、蓝海豚、假马齿苋、非洲凤仙、倒挂金钟。

五年的时光，一粒粒细小如尘的种子，长成一个个漂亮的花球。每一次秋播，把自己的心和种子一起播进土里，然后开始一天天的期待，享受阳台花事带给自己的喜悦。

天竺葵

如果你是阳台党，不得不说，天竺葵是不可缺少的花。天竺葵具有易管理、花期长、易扦插等多种优点，只要阳台通风、光照条件良好，再加上肥水管理得当，天竺葵是阳台花园的首选。主人种的天竺葵有直立天竺葵、大花天竺葵、垂吊天竺葵、天使之眼等四大系列，共20多个品种。

大花天竺葵

天使之眼

倒挂金钟

倒挂金钟是最适合东阳台种植的花，对光照要求不高，喜湿润的环境，怕阳光灼晒。有红套紫、白套粉、红套红等多种花色。在 2015-2016 两年，主人先后种过 9 个品种的倒挂金钟，如果阳台面积足够大，可以种一阳台的倒挂金钟。

旱金莲

旱金莲是最适宜的阳台垂吊花草品种。经过两到三次摘心，让花儿垂吊生长，金黄色的、水红色的旱金莲像瀑布般倾泻而下，成为阳台当之无愧的主角。该花喜欢温暖，冬季低于5度容易冻伤。如果阳光充足，花色会更鲜艳，花朵会更繁硕。该花品种多达数十种，单单打造一个旱金莲花园，那绝对是美翻了的效果。

假马齿苋、蓝海豚

假马齿苋、蓝海豚是不可缺少的阳台垂吊系列，这两种花儿对光照要求不高。假马齿苋有白色、蓝色两种，密密麻麻的小花，清新可人；蓝海豚的花如海豚，栽培得当可全年开花，其花茎细长，姿态万千地向四方伸展，仿佛一群蓝色小精灵。

白色的假马齿苋

蓝海豚

矮牵牛

如果你家的阳台有充足的光照，那就选择矮牵牛吧。一粒细小如尘的种子，可以长成一个超大的花球。矮牵牛是非常喜欢强光的花卉，如果阳台没有充足的光照，建议就不要种植矮牵牛了。如果实在喜欢，那就选择对光照不敏感的美声系列，如淡冰紫、淡冰粉等。把阳光最灿烂的地方留给它，给它充足的肥水，那花也不会负所望，每天带给你新的惊喜。

• 对光照不敏感的矮牵牛美声系列

• 光照、肥水充足的矮牵牛开花前

乐此不疲的花园生活

　　每天清晨，主人会早起一小时，在阳台上忙忙碌碌。这时，阳光洒落东阳台，园艺桌上，玫粉相间的"天使之眼"如同翩翩起舞的小粉蝶，"橙天使"一展芳容，和粉色的、淡紫色的"大花天竺葵"一争娇艳；各色"倒挂金钟"让人目不暇接，一个个小铃铛随风摇曳；白色的假马齿苋默默开放，阳光穿透形成最美的光影。南阳台上的旱金莲灿若锦屏，白色的、玫红色的矮牵牛肆意怒放。在南阳台和东阳台之间乐此不疲地往返，把所有的花按照光照的要求调整位置，看着舒舒服服的花儿，心里无比快乐。

　　五年来，主人用相机拍下了一万多张阳台花草的片子，写下了100多篇"阳台花事"的文章，体验着花草、摄影带着自己的乐趣，并分享给朋友，引领她们加入到花友队伍中，"明云的阳台花园"已成为大家心目中的最美阳台。阳台花园已成为全家人的最爱，"阳台花事"已成为主人最富诗意的心灵港湾。

不可或缺的阳台花架

阳台上有三个花架，长1.2m，宽0.3m，一个放东阳台，两个放南阳台。花架分两层，是在铝合金市场订制的。以前从网上购过花架，因为层高太低，不适合放置花草。

缤纷花语 白纱落地

一袭白纱，浅浅淡淡的挂在东阳台，风儿吹动，白纱飘拂。在白色的空隙间，绿色的藤蔓沿垂下的棉线攀缘而上，与白纱融为一体，景色浑然天成。

新家装修，在阳台窗帘的选择上，主人是颇费了些心思的。工作之余，淘宝收藏了多款白纱帘。选择这一款飘着碎花的白纱帘，就因为那句评价：风儿一吹，阳台上白纱飘飘，满眼的小碎花。这正是主人想要的感觉，站在当时光秃秃的阳台上，似乎已看到它未来的样子。

收到后，这款白纱帘和想象的一样，柔软、丝滑、飘逸。入住前，清理好阳台上的卫生，等窗明几净的时候，主人再小心地挂上。细心地摆放好花草，以及那张吊椅，使阳台上满满都是田园的味道。

最美时光

　　着一袭长裙，面对一阳台的花儿，坐在吊椅上喝茶、读书、发呆，这是初见新房的东阳台时构思的画面。如今，主人是那个面对花儿忙碌的园丁，着湖蓝色的长裙，坐在吊椅上，捧一杯新茶，剪一束鲜花，读一本好书，享受其间温暖的阳光和淡淡的花香，此情此刻，都是最美时光。

养护心得
小分享

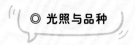
◎ 光照与品种

全日照阳台：矮牵牛、天竺葵、旱金莲、六倍利、满天星、玛格丽特、太阳花、扶桑、茉莉、多肉，等等；

半日照阳台：天竺葵、倒挂金钟、绣球花、非洲凤仙花、长寿花、丽格海棠、假马齿苋、蓝海豚、大岩桐，等等。

◎ 花盆的选择

很多人认为大盆更适宜花的生长，有的人直接把小苗种到大盆里，如果不是特别泼辣的花，花很难养活。因为大盆浇水后，容易闷根，根不透气，花便难以成活。

小盆小花，水分散发快，透气性好，更适合花的生长。所以，秋播要经过育苗块、假植、定植等多个环节，只要做到精细播种，即使是种植难度较高的花儿，成活率也会很高。

尽量使用质量好的花盆。主人最初也从市场买过普通塑料盆，但品质欠佳，逐步淘汰。现在正在使用的花盆品质好，最早的已用了近十年，没有变色、变形。

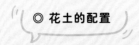

◎ 花土的配置

尽可能让花土透气，不仅利于排水，更利于根系生长，营养土、珍珠岩、蛭石是最好的选择。要根据花对水分的需求配好花土。如果是对肥水需求大的花，可以减小珍珠岩和蛭石的比例；如果是容易闷根的花，则可以加大珍珠岩、蛭石的比例，还可以加上粗砂；建议营养土不要和园土配到一起，园土最好配腐叶土、粗沙和蜂窝煤渣。

◎ 水肥一体化

阳台上放一个水桶，灌满水，兑上适量的水溶肥。放置1~2天，适时浇水，尽量不直接用自来水浇花；

在花的生长期，每周尽量喷施叶面肥一次，要薄肥轻施；

夏日阳台炎热，早晚把阳台窗户全部打开。早晨上班前关闭窗户，拉上窗帘，在地面洒水，增加湿度，阳台通向室内的门不要关闭。中午可洒水降温。如果中午不回家，傍晚下班后立即开窗通风，可适时喷水，增加湿润。

Case.2

用木材打造一个温和素朴的阳台花园

阳台类型：开放式　　　　　省份：广东省

面积：约 12.5m²（5m x 2.5m）　设计者：尚宜园艺工坊

主要应用到的植物

三角梅　　　蓝雪花　　　龙吐珠　　　月季

矮牵牛　　　天竺葵　　　长春花　　　千年木　　　桂花

　　木材是所有花园中最具人情味的花园材料。它的质感温润细腻，具有很强的亲和力。当木头遇上阳台，你会感受到舒适的自然之美。

　　南山花园的8楼阳台，初始是最常见的水泥地面加墙面瓷砖的普通装修。业主是中文系毕业的文学青年，追求质朴天然的花园生活，于是设计者们在设计之初就确定了以木材为主要装修材料，辅以层架、支架、吊盆和部分特色软装，打造一个有温度的、立体化的阳台花园。

　　为了迎合用木材打造出来的温和素朴格调，设计者栽种了大量适应当地气候的植物，郁郁葱葱，其中许多为不同季节的开花植物，花开时为整个阳台花园增添了许多光彩。

木质地板

　　用俄罗斯樟子松防腐木铺设了整个阳台的木质甲板，四面的墙体也用木栅条加以遮蔽与装饰。整个阳台即刻呈现出温和的质感。女主人最开心的是可以光着脚踩在木地台上。木板表面涂刷了专门的木蜡油，并漆成了红棕色。经过 5 年的风吹日晒，木甲板虽然有些褪色和风化，但自然的斑驳为木板更添了一份古朴自然的韵味。

桌布营造意境

    阳台安放的一桌一椅成为整个阳台的中心区域。女主人喜欢用不同的桌布来营造出别样的花园意境，这块从大理带来的扎染桌布与一双小布虎，为阳台营造出生动的民俗味。

富有生机的转角

阳台的转角区域春意盎然，小花园的感觉扑面而来。地面随意地摆放了一些盆栽，木栅栏上有各式的壁挂花盆，花架与收纳架组合收纳，缤纷的花盆错落摆放，空间层次感极强。

不可缺少的收纳架

阳台空间通常不会太大，所以将数量较多的小花盆摆放在木质收纳搁架上面，这样既省空间又不显杂乱。花架的一侧种有一棵蓝雪花，在东向的散射光里生长得极好，给整个阳台增添了幽静之境。

藤本制造立体感

阳台园艺的立体感很重要，常春藤、铁线莲、藤本月季、龙吐珠这些轻型藤本植物随意在栏杆上攀爬，可以让整个阳台都绿意环绕。

点睛之笔——装饰品

　　利用白色的木花架，红色的铁艺洒水壶，可以营造出小清新的感觉。精巧的装饰品可以起到很好的阳台装点作用。

阳台花园生活

　　用质朴的木材作为阳台的主风景，还有各色花草、绿植点缀其间，与花草为友，与心灵同行。用镜头定格一个个精彩瞬间——阳台花园生活就是这样的惬意自在。

北
西　東
南

西向阳台

西向阳台是下午光照强烈的半日照环境，上午无阳光直射，下午温度飙升，适合耐热耐旱的植物。夏季如果温度过高，需适当遮阴。

Case.1

我的阳台，我的画布

阳台类型：开放式　　　　　　　　省份：重庆市

面积：其一约 $5\,m^2$，其二约 $4\,m^2$　　　设计者：梵婉琳

主要应用到的植物

• 矮牵牛

• 美女樱

• 姬小菊

• 绣线菊

• 双色茉莉

• 铁线莲

• 球兰

• 三角梅

• 香雪球

• 棕竹

• 常春藤

主人是从 2013 年秋季喜欢上植物的，爱上植物的，并且想认真地去读懂植物，从而找到更好的自己。如此，主人称阳台为画布。这张画布被反复地画，如同魔法的空间、空中的浪漫花园；是指尖的微舞台，是品啜清茶，阅读下一章的慵懒时光，是自然灵性与人之灵动的工作室。

氤氲梦

主人家有两个西稍偏北的阳台。

其一叫氤氲梦，约 5 m²，造了一个紫色的梦。

一个富有生机的角落成了阳台的一大焦点，红陶罐配上一大盆长势颇好的金边常春藤。常春藤有的爬上了背景墙，有的下垂至地面，打造了一个富有层次的绿色空间。

旁边有盆盆景，名叫高山流水；有一棵棕竹，有盆球兰，有山有石有水有鱼儿。

氤氲梦以紫色的花为主，有矮牵牛、美女樱和姬小菊，其间穿插着白色的绣线菊、香雪球和双色茉莉，花开时整个花园如梦如幻。

有一棵三角梅，延伸到阳台外，从书屋往外看可以看到三角梅的红艳艳。

阳台上有些饰品：两个少数民族的泥雕，从云南带回来的；有土罐，从老家淘回来的；一对牛是主人的公公在老家淘的，不值什么钱，却是老人的一份心意。在这里，可以享受暖阳清风，聆听鸟鸣虫吟，或品茶饮酒，或捧读一本书。

彩虹桥

另一个西向阳台，主人取名彩虹桥。约 4m^2，有个小弧度，转角的阳光相对会少一点。

这里的植物五彩斑斓、姹紫嫣红。有三棵三角梅，分别是西施怡锦、花叶玫红和双色三角梅。另外还有一大盆老桩冬美人、铁线莲（面白）、蓝雪花、两棵五色梅、天竺葵、风车茉莉、竹子，以及其他的多肉植物。

主要应用到的植物

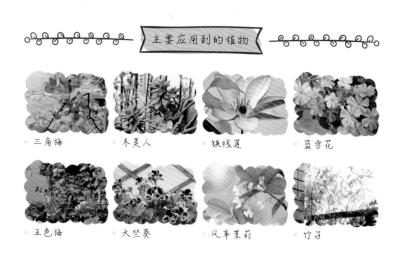

三角梅　　　冬美人　　　铁线莲　　　蓝雪花

五色梅　　　天竺葵　　　风车茉莉　　竹子

　　春天来了，最先开的是铁线莲、三角梅，紧接着是风车茉莉，那些多肉植物也是每季变幻着，开着各式各样的花。蓝雪花约在五月中旬结蕾开花，而五色梅也争先恐后地绽放出绚丽的色彩。天竺葵有普通天竺葵和天使之眼，分别是红色和橙色。

　　这阳台之所以叫彩虹桥，是因为色彩丰富，有一个弧度。拾得的一块板，架在水泥柱上，柱上有出自主人手的雕刻，虽然这雕刻很死板，但却别出心裁。闲暇时，沏上一杯茶，飘出一缕茶烟，醇厚的茶汤融着自然气息的清香，物我两忘，才能发现生活中的细微之美。

转角爱

第三个阳台"转角爱"是一个东向阳台。主人的初衷是想要一个香草园，种上鼠尾草、柠檬薄荷、罗勒和紫苏。现在，这里成了一个调和剂。到了夏天，主人把一些不十分耐晒的植物，搬到这里避暑。当然，这里还有薄荷、紫苏、蓝目菊、旱金莲和攀爬牵牛花轮番上演。同时，阳台还兼作培植区。氤氲的生活美景，感受灿烂花束，一同摇曳身姿。

关于度夏

　　夏季是个燃烧的季节，万物齐秀。因为炽热，一些植物愈发葱绿，一些休养生息，另一些则"笑"得更灿烂。重庆是三大火炉之一，天气以高温高湿为主，这对植物来说，意味着更多的炙烤。因此，主人给阳台披上一件"黑色的衣裳"——防晒网。这样的"衣裳"，在七月中旬打开穿上，直到九月初左右才换下，这个时间段会因为当年的气温变化而有所改动。在其他季节，"黑色的衣裳"会被收卷在阳台的天花板上，高高挂起。"黑色的衣裳"一头是用钉子挂在阳台上方，一头用竹竿撑起。这里要强调的是，竹竿的捆绑一定要牢固，主人则是用的软性铁丝。更重要的是，夏季多暴雨，这要收起防晒网，避免出现危险。爱上园艺，就注定要折腾，主人也是这样折腾，才有了这一片美丽的小天地。

夏季的阳台，双色茉莉更加的葱郁，五色梅、牵牛花和蓝雪花跟乐开了一样，一片黄，一片红，一片紫，一片蓝，那就像是一场时装秀。那些休眠的多肉植物，主人把它们搬到东向阳台，少点闷热。这时，要少浇水，甚至断水，一定不能多浇水，一旦水浇多了，对它们来说就如桑拿浴。但只要过了夏天，它们就会迅速恢复成长。

养护心得
小分享

　　阳台的墙壁和天花板都用了旧的木板，木板刷上白漆，随意涂鸦即可。可以用粗麻绳搭起支架，攀爬的植物就可以沿着粗麻绳蜿蜒而上。

　　因为每年夏天，主人会有一个月在外，阳台会交给朋友打理。在选择植物时，尽量要选择易管理的植物。

　　之前光是天竺葵的品种，就有七八种，因为重庆的天气炎热，所以舍弃了一些。现在留有的两个品种——普通天竺葵（俗称土天）和天使之眼是比较坚强的。天竺葵，是肉质草本，宁可稍干点，切勿太湿，特别在重庆的夏天，可以让它干着，也别多浇水。

　　铁线莲，在重庆也是能安全度夏。在盆土上种点浅根系的草类植物，能起到保湿降温的作用。

　　阳台空间小，受光线影响大，可选择粗放管理，但必须找对植物。

图书在版编目（CIP）数据

阳台花园打造记 ／ 凤凰空间·华南编辑部编. —— 南京：江苏凤凰文艺出版社，2018.1
ISBN 978-7-5594-1332-1

Ⅰ．①阳… Ⅱ．①凤… Ⅲ．①阳台－观赏园艺 Ⅳ．①S68

中国版本图书馆CIP数据核字(2017)第267919号

书　　　　名	阳台花园打造记	
编　　　者	凤凰空间·华南编辑部	
责 任 编 辑	聂　斌	
特 约 编 辑	马婉兰	
项 目 策 划	段建姣　宋　君	
封 面 设 计	林冠奇	
内 文 设 计	林冠奇	
出 版 发 行	江苏凤凰文艺出版社	
出版社地址	南京市中央路165号，邮编：210009	
出版社网址	http://www.jswenyi.com	
印　　　刷	天津久佳雅创印刷有限公司	
开　　　本	710 mm×1 000 mm　1 / 16	
印　　　张	10	
字　　　数	80千字	
版　　　次	2018年1月第1版　2020年5月第5次印刷	
标 准 书 号	ISBN 978-7-5594-1332-1	
定　　　价	39.80元	

（江苏凤凰文艺版图书凡印刷、装订错误可随时向承印厂调换）